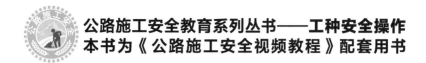

公路施工安全教育系列丛书——工种安全操作
本书为《公路施工安全视频教程》配套用书

混凝土搅拌设备操作工

安全操作手册

广 东 省 交 通 运 输 厅 组织编写

广东省南粤交通投资建设有限公司
中 铁 隧 道 局 集 团 有 限 公 司 主 　编

人民交通出版社股份有限公司
China Communications Press Co.,Ltd.

内 容 提 要

本书是《公路施工安全教育系列图书——工种安全操作》中的一本，是《公路施工安全视频教程》(第五册　工种安全操作)的配套用书。本书主要介绍混凝土搅拌设备操作工安全作业的相关内容，包括：混凝土搅拌设备基本知识，混凝土搅拌设备操作工岗位职责及操作安全风险，混凝土搅拌设备危险区域及防护要求，混凝土搅拌设备操作工基本要求，混凝土搅拌设备操作安全要求，混凝土搅拌设备检养修安全要求等。

本书可供混凝土搅拌设备操作工使用，也可作为相关人员安全学习的参考资料。

图书在版编目(CIP)数据

混凝土搅拌设备操作工安全操作手册/广东省交通

运输厅组织编写;广东省南粤交通投资建设有限公司,

中铁隧道局集团有限公司主编. — 北京:人民交通出版

社股份有限公司,2018.12 (2025.1 重印)

ISBN 978-7-114-15051-7

Ⅰ.①混⋯　Ⅱ.①广⋯②广⋯③中⋯　Ⅲ.①混凝土

搅拌机—操作—技术手册　Ⅳ.①TU64-62

中国版本图书馆 CIP 数据核字(2018)第 225914 号

Hunningtu Jiaoban Shebei Caozuogong Anquan Caozuo Shouce

书　　名:混凝土搅拌设备操作工安全操作手册
著 作 者:广东省交通运输厅组织编写
　　　　　广东省南粤交通投资建设有限公司　中铁隧道局集团有限公司主编
责任编辑:韩亚楠　崔　建
责任校对:刘　芹
责任印制:张　凯
出版发行:人民交通出版社股份有限公司
地　　址:(100011)北京市朝阳区安定门外外馆斜街 3 号
网　　址:http://www.ccpcl.com.cn
销售电话:(010)85285857
总 经 销:人民交通出版社股份有限公司发行部
经　　销:各地新华书店
印　　刷:北京建宏印刷有限公司
开　　本:880×1230　1/32
印　　张:1.25
字　　数:31 千
版　　次:2018 年 12 月　第 1 版
印　　次:2025 年 1 月　第 3 次印刷
书　　号:ISBN 978-7-114-15051-7
定　　价:15.00 元

(有印刷、装订质量问题的图书由本公司负责调换)

编委会名单
EDITORIAL BOARD

致工友们的一封信

LETTER

亲爱的工友:

你们好!

为了祖国的交通基础设施建设,你们离开温馨的家园,甚至不远千里来到施工现场,用自己的智慧和汗水将一条条道路、一座座桥梁、一处处隧道从设计蓝图变成了实体工程。你们通过辛勤劳动为祖国修路架桥,为交通强国、民族复兴做出了自己的贡献,同时也用双手为自己创造了美好的生活。在此,衷心感谢你们!

交通建设行业是国家基础性和先导性行业,也是安全生产的高危行业。由于安全意识不够、安全知识不足、防护措施不到位和违章操作等原因,安全事故仍时有发生,令人非常痛心!从事工程施工一线建设,你们的安全牵动着家人的心,牵动着广大交通人的心,更牵动着党中央及各级党委、政府的心。为让工友们增强安全意识,提高安全技能,规范安全操作,降低安全风险,保证生产安全,我们组织开发制作了以动画和视频为主要展现形式的《公路施工安全视频教程》(第五册 工种安全操作),并同步编写了配套的《公路施工安全教育系列丛书——工种安全操作》口袋书。全套视频教程和配套用书梳理、提炼了工种操作与安全生产相关的核心知识和现场安全操作要点,易学易懂,使工友们能知原理、会工艺、懂操作,在工作中做到保护好自己和他人不受伤害。

请工友们珍爱生命,安全生产;祝福你们身体健康,工作愉快,家庭幸福!

广东省交通运输厅

二〇一八年十月

目录

CONTENTS

1 PART 混凝土搅拌设备基本知识

1.1 混凝土搅拌设备操作工定义

　　混凝土搅拌设备操作工是指使用混凝土搅拌机械按照一定配合比(混凝土中各组成材料之间的比例关系)生产出施工所需混凝土的专业人员。

1.2 混凝土搅拌设备简介

混凝土搅拌设备是按照配合比生产混凝土或砂浆的机械设备。

分类依据	搅拌机分类	搅拌机原理	区　别
按搅拌方式	自落式搅拌机	作业时,搅拌筒以适当的速度旋转,物料由固定在搅拌筒内的叶片带至高处,靠自重下落后反复地进行搅拌	搅拌叶片和搅拌筒之间没有相对运动的为自落式搅拌机;有相对运动的为强制式搅拌机
	强制式搅拌机	搅拌筒是固定不动的,由安装在搅拌轴上的叶片旋转对物料进行剪切、挤压、翻转等强制搅拌作用,使物料在剧烈的相对运动中得到均匀的拌和	
按拌和鼓筒的构造形状	鼓形搅拌机	—	锥形反转出料式和锥形倾翻出料式
	锥形搅拌机	—	
按拌和鼓筒的装料容积	小型搅拌机	—	工作容积<400L
	中型搅拌机	—	工作容积400~1000L
	大型搅拌机	—	工作容积>1000L
大型搅拌站常用425L以上的强制式搅拌机			

（1）按搅拌方式分类

自落式搅拌机

强制式搅拌机

（2）按拌和鼓筒的构造形状分类

鼓形搅拌机

锥形搅拌机

（3）按拌和鼓筒的装料容积分类

①小型搅拌机：工作容积小于400L；

②中型搅拌机：工作容积在400 ~ 1000L之间；

③大型搅拌机：工作容积超过1000L。

小型搅拌机 》》

中型搅拌机 》》

大型搅拌机 》》

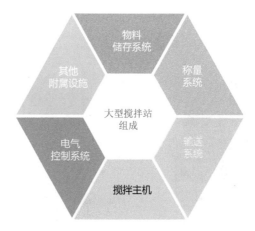

物料储存系统

称量系统

输送系统

螺旋输送机

搅拌主机

电气控制系统

其他附属设施

2 PART 混凝土搅拌设备操作工岗位职责及操作安全风险

2.1 混凝土搅拌设备操作工岗位职责

（1）熟练掌握并严格遵守搅拌设备安全操作规程，做到"三知四会"（知结构原理、知技术性能和安全装置的作用；会操作、会维护、会检查一般故障、会排除一般故障）。

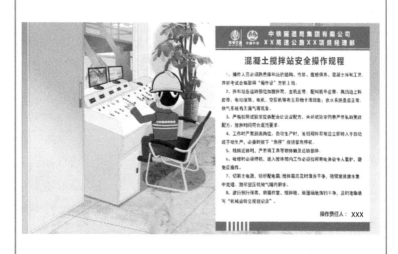

（2）严格执行安全管理规章制度、安全技术交底，不违章作业，不擅离操作岗位。

（3）按配料单准确下料，严格遵守投料顺序及搅拌时间等要求。

混凝土施工配料通知单

混凝土搅拌的最短时间（s）				
混凝土坍落度（mm）	搅拌机机型	搅拌机出料量（L）		
		<250	250~500	>500
≤40	强制式	60	90	120
>40 且 <100	强制式	60	60	90
≥100	强制式	60		

注：1. 混凝土搅拌时间指从全部材料装入搅拌筒中起，到开始卸料耗时止的时间段；

2. 当掺有外加剂与矿物掺和料时，搅拌时间应适当延长；

3. 采用自落式搅拌时，搅拌时间宜延长30s。

（4）搅拌过程中，配合试验人员做好混凝土质量控制，密切观察混凝土的配料搅拌情况，发现异常应及时上报。

（5）及时、认真地做好混凝土生产记录、设备运转记录和交接班记录。

（6）做好混凝土搅拌设备的日常检查、维护等工作，并形成书面记录。

机械设备检查、维护记录表

混凝土搅拌机检查记录表

2.2 混凝土搅拌设备操作工操作安全风险

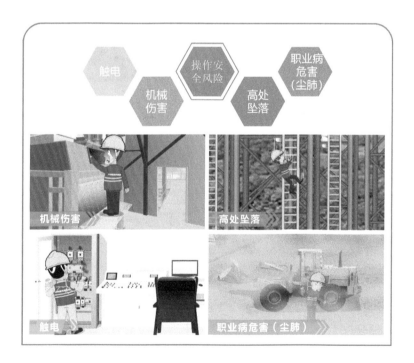

触电　机械伤害　操作安全风险　高处坠落　职业病危害（尘肺）

机械伤害　高处坠落　触电　职业病危害（尘肺）

3 / PART 混凝土搅拌设备危险区域及防护要求

3.1 存在的危险及部位

（1）易发生卷入风险的部位：皮带机及齿轮转动部位。

（2）易发生挤压的部位：提升料斗下方、料场及上料区域。

（3）易发生绞切的部位：螺旋输送机及搅拌筒内部。

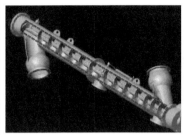

（4）易发生高坠的部位：搅拌站作业平台、罐体检修爬梯。

（5）易发生触电的部位：电线接头及电气开关。

3.2 防护要求

（1）在齿轮转动部位设置防护罩。

（2）规范做好电线接头的绝缘保护，设置漏电保护措施。

（3）在皮带机、料斗提升机、配料机、自落式搅拌机料斗工作范围设置隔离措施及醒目安全警示标志。

（4）螺旋输送机、搅拌机检修口设置防护装置，严禁随意打开。

螺旋输送机检修口

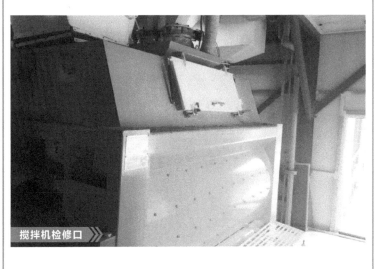

搅拌机检修口

（5）在搅拌站工作平台及料仓检修爬梯上设置稳固牢靠防护措施。

3.3 其他要求

在料场及上料区域设置人车隔离措施，进料及上料过程中对该区域实施封闭，严防无关人员进入。

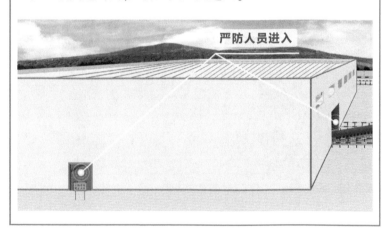

4 PART 混凝土搅拌设备操作工基本要求

年龄　　　　　　　　　　　　　　**身体**

年满　　　　健康，在指定医院体检，
18岁　　　　无色盲、听力障碍等职业禁忌

入场　　　　　　**作业**
　　　　　　　　　要求
　经相关单位培训并　　　按定人、定机、定岗位
考试合格后方可上岗　　　职责的"三定"原则作业

个人
防护　• 规范佩戴安全帽、工作服、防尘口罩、反光背心。

　　　• 衣服袖口、下摆及裤管等应扎紧。

　❗ 禁止穿拖鞋、短裤进行操作。

未戴安全帽
戴耳机作业
衣着不规整
未穿防滑鞋

安全帽
防尘口罩
反光服
防护手套
防滑鞋

正确着装　　　　　错误着装

5 PART 混凝土搅拌设备操作安全要求

5.1 作业前安全要求

5.1.1 常规检查确认

（1）对料斗下方、皮带传送装置、卸料口下方等危险区域以及齿轮、皮带轮等传动装置护罩等设备防护情况进行检查确认。

料斗下方

皮带传送装置

卸料口下方

设备防护

（2）对搅拌机限位装置、保险销等安全装置、提升用钢丝绳端头固定情况、钢丝绳磨损情况等进行检查，确认安全有效方可作业。

限位装置检查

钢丝绳检查

（3）检查供水、供气管路及粉料输送系统连接处，确保密封可靠，无漏水、漏气、漏料现象。

供水管路连接处

供气管路连接处

粉料输送系统连接处

5.1.2 重点检查确认

（1）启动前，检查搅拌桶内是否有物料或检修人员。

（2）启动设备后空载运转，确认搅拌筒或叶片运转方向正确（与筒体上箭头所示方向一致；反转出料的搅拌机应进行正、反转运转），无异响，各仪表指示正常后，方可投料。

· 叶片运转方向正确
· 无异响
· 各仪表指示正常

5.1.3 其他注意事项

（1）夜间操作时，应有足够的照明。

（2）冬季施工时，操作间严禁使用电暖炉、火炉、碘钨灯等明火取暖。

电暖炉 ≫　　　　火炉 ≫　　　　碘钨灯 ≫

5.2 作业中安全要求

（1）设备运转中应密切观察各运转部位及卸料区域安全情况，发现异常及时处理。

（2）设备运转中发生故障时，立即暂停操作，切断电源，排除故障后方可继续操作，无法排除时及时上报。

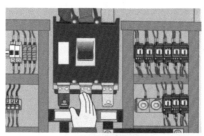

设备发生故障，请派人员来修理

（3）混凝土搅拌设备运转中出现紧急情况时,应当立即按下急停按钮(急停按钮一般安装在控制室操作台、输料装置及搅拌主机等关键部位,操作人员应熟悉急停按钮的具体位置)紧急停机。

急停按钮一般安装在控制室操作台、输料装置及搅拌主机等关键部位。

（4）遇停电或故障不能及时排除,须清理搅拌筒内存料时,现场应拉闸断电,挂"设备检修、禁止合闸"牌,在专人监护下清理搅拌筒。

断电挂牌

专人监护

(5)设备运转中,禁止靠近或触摸各转动部件(搅拌桶、螺旋管等),打开搅拌机检修舱盖以及进行检修、维护、清理等作业。

5.3 作业后安全要求

(1)对搅拌筒内外、输送带、料斗等区域进行清理作业时，必须切断总电源，设专人监护。

（2）冲水清洗的,应控制水压及冲洗范围,避免电力线路等进水引发短路或触电。

（3）关闭总电源,拔出操作台控制钥匙,锁闭操作室门,方可离开。

6 PART 混凝土搅拌设备检养修安全要求

日常主要检查各连接件、提升料斗或传送装置、电力线路、料仓、安全防护措施、操作区域文明施工等。

（1）各连接件。如销轴、螺栓等，必须连接牢固，不可有松动现象，且拧紧力矩适中，销轴必须有防脱措施。

销轴

螺栓

（2）提升料斗或传送装置。检查料斗上下限位装置是否灵敏有效，钢丝绳是否有断丝、断股或磨损超标现象及传送皮带是否运转正常。

传送皮带

料斗限位装置

（3）电力线路。查看电线路是否有老化、过载及绝缘损坏等。

（4）料仓。料仓打气泵或仓顶除尘器震动电机是否损坏。

（5）操作区域文明施工。场地是否有淤泥、积水现象。

（6）安全防护。齿轮转动部位、螺旋输送机及搅拌桶检修口、操作平台及检修爬梯、卸料场地、提升装置及传送皮带运转区域安全防护措施。

齿轮转动部位检修口　　　　螺旋输送机检修口

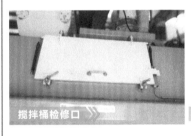

搅拌桶检修口　　　　　　　检修爬梯

（7）人员要求。日常检查及维护由操作工进行。定期检查、维护由专业人员负责。设备维修必须由专业修理工进行。

(8)特别安全要求。维修时必须拉闸断电、挂"设备检修,禁止合闸"牌,按下操作面板上的急停开关,并将钥匙开关置于电源断开位置,拔下钥匙,由维修人员保管,并设专人监护。

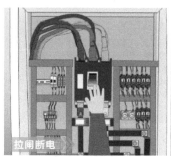
拉闸断电

按下急停开关

拔下钥匙

监护
专人监护

混凝土搅拌设备操作工安全口诀

搅拌设备有风险

隔离防护要全面

启动之前逐项检

设备运转多察看

主机护盖不可掀

紧急情况急停键

清理保养和维修

一定挂牌和断电

监护到位才能干